U0342411

印象豪宅
Impression Luxury

亚 太 名 家 设 计 系 列
Masters'DesignInAsia-Pacific

本书编委会 编

中 国 林 业 出 版 社
China Forestry Publishing House

目录

4	现代奢华	70	8 哩岛 B
12	远中风华 NO. 8	76	金地天镜
20	现代古典	84	西山林语
26	现代美式态度	92	法式新古典的重温
32	装饰主义	98	中轴国际 A
40	国泰天母	106	乡村骑士居
48	韵•律	112	叶雨素调
56	法式奢华	118	和源居
64	8 哩岛 A	124	法式新装饰主义

130 中星红庐 71 号

136 复地·首府 A

144 大理公馆　J

152 燕西台

160 富力湾

170 五龙山印象

178 观山水之邸

186 艳丽视觉

196 金地 - 湾流

204 韵·江南

212 圆舞之夜

220 江南苑

contents

Modern luxury
现代奢华

设计单位： 上海高迪建筑工程设计有限公司　**设计师** ：史南桥

　　此住宅为高端精装修样板房，在设计上以奢华、尊贵、典雅的古典风格来诠释。进门玄关处设计了门拱，采用黑金花大理石和壁纸的巧妙结合，凸显现代奢华设计的尊贵及细腻感。

　　主卧室宽敞明亮，按照豪华的标准配以独立的更衣室和卫生间，通过线板和皮革软包的床背景，凸显主卧室的尊贵性。在主卧空间中利用电视机矮墙作为隔断，并用电视机矮墙和书桌相结合，以此增加了书房的功能。天花继续延续古典风格，而地坪考虑到卧室的特性，选用深色胡桃木的实木复合地板以增加主卧室的舒适感和温暖感。

　　纵观整个样板房，无论是风格定位还是材料选择，都是围绕着豪宅的奢华、尊贵、典雅的特点加以设计的。

建筑面积： 274 平方米

主要材料： 西班牙米黄大理石、浅咖网大理石、黑金花大理石、黑檀木木饰面

次卫　主卫

主卧

书房

更衣室　公卫　更衣室

阳台

餐厅　玄关

客厅

厨房

佣人房

客卫　客卧

平面布置图

Far in Fenghua NO.8
远中风华 NO.8

设计单位：玄武设计　　**设计师：**黄书恒

　　本户以色彩柔和的"维多利亚风格"来诠释，具有放大空间的视觉效果，更展现此绝世豪宅的精致典雅。

　　生活品味的两个重要元素，一个是价值鉴赏力，另一个则是风格生活实践力。玄武设计在此户中采用维多利亚风格的设计，固然是因为其装饰元素在艺术领域中影响深远；更因为此风格对美学与品味的提升，恰恰切合新上海蓬勃起飞所孕育的新价值。它的用色大胆绚丽、对比强烈，中性色与褐色、金色结合突出了豪华和大器；它的造型细腻、空间分割精巧、层次丰富、装饰美与自然美完美结合，更是唯美主义的真实体现。因此，维多利亚风格至今仍是许多设计创意元素的来源，更是五星级酒店和庄园豪宅常采用的优雅典范。

　　在空间细部表现上，舍弃了金碧辉煌的过度装饰，塑造一种从容不迫、细致优雅的贵族品味。在白色基底中，渲染柔和的色彩：淡淡的蓝、绿及米黄，如同Wedgewood 著名的玉石浮雕般剔透细致，更强调了空间的贵气与立体感。

建筑面积：201 平方米
项目地点：上海

Modern Classic
现代古典

设计单位: 上海高迪建筑工程设计有限公司　**设计师:** 史南桥

针对此高端精装修住宅,在样板房的设计上以欧式古典元素,突出体现空间的豪华、尊贵、舒适及细腻的特点。为保持客餐厅的私密性,在进门玄关处设计一景端墙,全用大理石贴面,外框饰以大理石线条,大气而不呆板。为避免大片大理石可能产生的滞重感、压迫感,中间用其镂空使视觉得以通透。在景端墙的两侧衬以大理石线条方柱,凸显欧式古典设计的大气及细腻感。

纵观整个的样板房,无论是风格定位还是选材选择,都是围绕着豪宅的豪华、尊贵、舒适及细腻的特点加以设计的。

建筑面积: 156 平方米

主要材料: 天然大理石、白[...]喷漆、马赛克、软包、刻画[...]镜、拉丝不锈钢

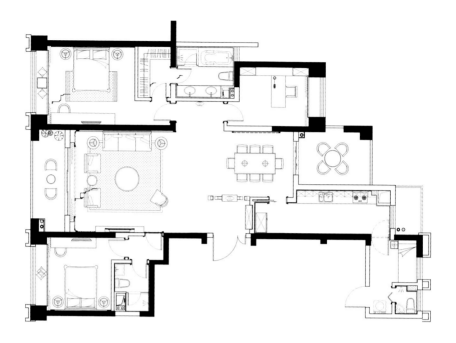

平面布置图

Modern American Attitude
现代美式态度

设计单位：香港方黄建筑师事务所　**设计师：**方峻

美国本身就是一个历史短暂的移民国家，从东海岸到西海岸，法式、英国摄政风格、西班牙式、德式……欧洲各国的居住文化都能够从美式家居中发现其嬗变的痕迹。并且，这个民族大熔炉至今一直在吸收各种不同的文化沉淀，并结合现代生活中新的文化背景，演变出新的居室风貌。

美式风格，可以用一个简单的词来概括，那就是复古，但现代美式风格融入了更多的元素，除了在设计细节上比较注重外，在实用性能上也比较看重，令居室呈现多种风情，更贴近于现代人的生活需要。设计师为业主营造出一种自在、随意不羁的生活方式，没有太多造作的修饰与约束，不经意中也成就了另外一种休闲式的浪漫。而这些元素也正好迎合了时下追求情调的人士对生活方式的需求，即：有文化感、有贵气感，还不能缺乏自在感与情调。

项目名称：九龙仓时代尊邸
建筑面积：190 平方米
项目地点：香港

平面布置图

Art Deco
装饰主义

设计单位： 玄武设计　　**设计师：** 黄书恒

设计师为了打造富豪门第、都会城堡的格局，运用对比强烈的色彩，耀眼夸饰的艺术造型显其不凡，以展现时尚庄园豪邸的大器尺度。

在空间装修上，设计运用西方古典工艺的严谨精湛工法，却将东方新文艺复兴的精神注入其中。整体空间氛围传递着西方的浪漫，却也轻诉着东方的曼妙——透过古典与现代装饰艺术的交会融合，显示出复古、融会、创新与再生的精神。老上海的清新魅力，为空间注入丰硕的生命力，也为居住者带来全新的心灵悸动。

一踏入玄关，触目所及是象征圆满的黑底白圈岗石拼花地板，一路延伸铺满整个中介空间。伞型、拱型的圆弧语汇在空间中利落开展，让访客处处惊艳。透过设计者巧思铺陈，入门之后的中介空间展现戏剧般的张力，炫示着贵族世家的优雅门风，华丽中而有所矜持，打造出庄园豪宅的非凡气度。

建筑面积： 267 平方米
项目地点： 上海

Cathay Pacific Tienmu
国泰天母

设计单位： 动象国际室内装修有限公司　**设计师：** 谭精忠

　　本案位于天母中山北路上，为少数拥有顶级地段、便利交通、完善生活机能及绝佳景观视野的新建个案，是都会生活中理想的居住环境。低调而洗练的设计语汇，内敛而富质感的材质与色调搭配，形塑空间大器感，彰显出本案的设计重点：精致、生活、家俬、艺术、极致共容的展演舞台。

　　开放式的餐厅结合轻食厨房中岛的轴线设计，除空间一贯的流畅外，天花板照明设计更以夹丝玻璃材质规划，渗漏出柔和的灯光，搭配齐全的料理设备，不论是轻食或大宴，都能恰如其分的享受美食风味。

　　主卧室的设计以维持一贯时尚、舒适的基调，钢刷木皮的展示柜及天花板，搭配水晶马赛克与镀钛的点缀，更再次的呈现出主卧室的精致与时尚。

建筑面积： 510 平方米

项目地点： 台北天母

主要材料： 喷漆、镀钛、钢□□、木皮、水晶马赛克、壁布、□□□刷木地板、石材、皮革夹纱□□璃、灰镜、墨镜、雪花石

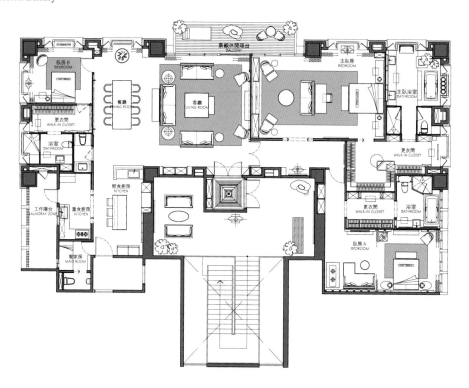

平面布置图

Rhyme rhythm
韵·律

设计单位：福建国广一叶建筑装饰设计工程有限公司　**设计师：**林斌

　　本案定位为新简约欧式风格，采用简约和欧式相结合的设计理念，设计运用米色和香槟色皮革，以米白色为基调，配合大理石和灰镜，在不同层次的灯光烘托下表现出高雅、和谐的空间精神内涵。

　　客厅布置有舒适的沙发，偏于欧式家具的华美古典，布艺的印花细腻，雍容华贵中却不显堆砌，沙发背后的软包凸显了这种简洁，形式感倍增。

　　大理石铺装光洁明亮，与之相辉映的就是洁白色漆面的柜子，这种洁白色贯穿整个空间的配置，形成了大气统一的美感。

建筑面积：150 平方米

项目地点：福建福州西缇湾

主要材料：大理石、香槟色皮革、橡木擦白色、灰镜面

平面布置图

French luxury
法式奢华

设计师：张纪中

　　本案定位极尽奢华，高贵的但不浮夸的，而且应该很自然流露的。位于都市喧闹街头的上空，她保持着一份清静，一种和谐，一种高贵的姿态俯视着这座城市！她给了一个都市精英真正的家，在这里没有喧嚣、没有压力、没有繁杂。我们让她给您带来的只有事业上的成就和满足！心灵上的宁静和依靠！生活上的便携和享受！

　　本案为法式风格样板房，样板房成功与否，对于样板房来讲，风格、定位与营销相得益彰。设计样板房时最注意表达的是整个室内空间的整体感和统一性，在视觉上赋予空间更为大气的感觉。

建筑面积：150 平方米

项目地点：湖北武汉

8 Mile Island　A
8 哩岛 A

设计单位： 法国米多芬（WM）建筑师事务所

为满足人们的生活方式与交流行为，设计师对空间精细考量、组织，营造了特定的岛式居住环境，使居住在此的居民因共同的社区感而形成和谐的生活氛围。

建筑采用的是源自美国芝加哥的都市主义，加以重新演绎，形成新都市主义的形态。其室内设计延续了这一风格，美国式舒适、精致、大气的整体风格在本设计中被充分体现。客厅中设计师用典雅的灰色墙面衬托出家具的舒适与精致。餐桌上的蓝色桌布与酒杯同窗帘的色彩相互协调。在这里，蓝色成为了设计师联系空间的色彩。次卧室中，冷暖的高级灰共同组成了安静、舒适的色调。

建筑面积： 450 平方米
项目地点： 北京市朝阳区

8 Mile Island B
8 哩岛 B

设计单位： 法国米多芬（WM）建筑师事务所

　　本案中，设计师以对城市文脉的尊重和创造性延续，通过精心布局，使空间的进深感、开阔感、私密感兼备。

　　深色的茶几与古典花饰的镂空隔墙表达着现代中式的气息。浅色的地毯与墙面的浮雕在仔细刻画着空间的尊贵品质。厚重的博古架，展示着主人的收藏与爱好，以黑和白为主色调的餐厅营造了纯净、亲切的就餐氛围。木制的墙面给人以亲切、温和的心理感受。墙面的中式浮雕装饰与地面灰色石板，有着四合院文化的延续。卧室床头的藤编既表达了其精美的编制肌理，也衬托了台灯等饰品的精致。

　　空间中最最引人关注的是充满了民族特色的细节，不论是浮雕的美丽花纹、充满田园风韵的木竹隔板，还是椅背的镂空窗纹、卧室窗子的竹编帘，都是值得回味的点睛之笔。

建筑面积： 520 平方米
项目地点： 北京市朝阳区

Golden days mirror
金地天镜

设计单位： 无间设计　　**设计师 ：** 吴滨

　　当我们走进客厅仿佛走入了悠远宁静的东方国度却又不失现代的摩登与优雅。设计师运用了白与黑为整体的色彩搭配基调，通过几何造型、不同材质及镜面的对比，将浓郁的 Art Deco 符号构造出生活的精致，让空间产生强烈的视觉映像。

　　乳白色羊皮质感的圆形吊灯、纯黑色牛皮圆形镂空靠背座椅配以黑檀木框架，半圆形装饰造型的装饰台，一切仿佛穿越源源红尘，让物品的圆配合空间的方，完美诠释了天圆地方的天人精神。

建筑面积： 150 平方米
项目地点： 上海静安区

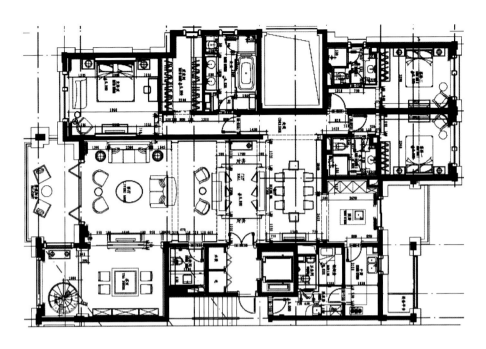

平面布置图

Xishan forest language
西山林语

设计单位： 加拿大 IBI 公司

　　本案设计师用现代欧式语言来表现整个空间。浓浓的异国风情充满着每一个角落，彰显出空间的高贵品质。简洁的色调搭配、深色的家具饰品等衬托着空间的精美；壁纸上的素描图案似乎将人们的思绪带到了遥远的欧洲。拱门与拱窗的设计，简洁大方而不失整体，并连接和贯通着空间。深色的地板衬托出了空间的精致和唯美。间接照明和直接照明的结合使用，使空间充满着祥和气氛。

　　纵观本案，设计师用高雅的色调，合理的空间布局与华美的家具，成功地将欧洲古典风情移植到本案中。使本案从一般的豪宅风格中脱颖而出，不但显现出谦虚不炫耀的气质，也适当的表达出奢华的风情。悠闲与舒适，在时下生活压力的扩张下，渐渐成为居家空间的表现主题。在设计师规划的空间里，对于压力的释放与丰富生活的表现形式，使得西方文化符号在这里展现，以明亮开阔的方式重新诠释空间的新生命。

建筑面积： 160 平方米
项目地点： 北京市海淀区
主要材料： 壁纸、灯饰、地窗帘、软包

French neoclassical refresher
法式新古典的重温

设计单位: GFD 杭州设计事务所　**设计师：** 叶飞

　　这是法式新古典设计风格的设计，既保留了法式的浪漫与温馨，又摒除传统新古典的繁复表面装饰，结合现代风格的清淡素朴，强调高贵内涵和细节质感，追求余韵恒久的雅致之美。

　　简洁化处理的客厅，白色的主色调高贵典雅，灯光的处理柔和舒适，有着法国人的气质，同时又具有小清新的美感，各种家具的选择也是与环境非常融和，即可独立欣赏又与整体遥相辉映，相得益彰。

建筑面积: 190 平方米

项目地点: 杭州

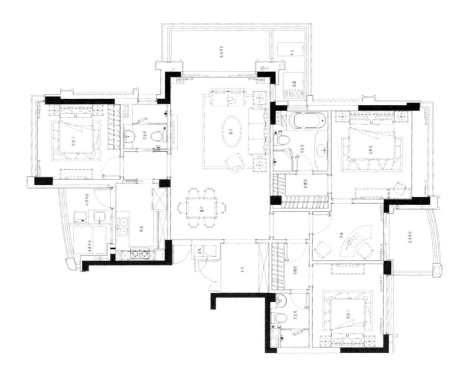

平面布置图

TIMPERIAL AXIS
中轴国际 A

开发单位： 北京新恒基创业房地产开发有限责任公司

设计师用柔和舒适的色调来诠释整个空间，并体现了空间整体大气的氛围。自然古朴的藤编家具与现代金属、玻璃材质互相衬托着，对比着，各自述说着自己的别致与精美。

灰绿色地毯界定处理就餐区的位置，恰当地附和着空间的宽敞，又表达着属于自己的"领地"。卫生间的柔和色调，衬托出了顶级卫浴品牌的精美。炫丽的床单，烘托出主卧室的舒适。在老人房与客卧的设计中，设计师用写意的手法，单纯而整体的色调，勾勒出雅致、洁净的空间氛围。在整个设计中装饰品和灯具起到了点睛的作用。

建筑面积： 490 平方米

项目地点： 北京市东城

主要材料： 壁纸、雪弗板雕刻、地板、瓷砖、大理石、马赛克、防水石膏板等

Cavalleria Rusticana
乡村骑士居

设计单位：紫香舸

　　本案中，大量使用的木材装饰为设计增色不少，空间中满眼尽是温暖的熟褐色木材，古典中散发出迷人的田园风格。客厅的设计紧凑温馨，虽不比简约风格的宽敞空旷，但却十分温馨舒适，独具匠心的配饰颇具乡村气息，有种宾至如归的温暖与惬意。

　　台球厅的设计豪华气派，两排座椅简约大气，两尊大理石雕塑让环境增添了古典的韵味，背景墙以照片墙的形式出现，新颖有趣。卧室与书房亦如其他空间，厚重而富有田园气息，木制感十足。

建筑面积： 260 平方米

Yeyu#Sudiao
叶雨素调

设计单位： 紫香舸

素调古典主义的设计风格是简约的新古典主义风格；色彩处理为灰色素调，形式元素采用在新古典风格的典型元素简化处理；形态简约而不失豪华。保留了法式新古典装饰中的线条运用，在线条的处理中有精简了啰嗦的装饰，取其严谨的比例关系、塑造优美。

本案在空间设计中尽可能的将空间视觉敞开、删减，归纳户型中出现的小空间分割，在保留原建筑功能的同时，去丰富的形体结构造型及附属功能区域，提升出业主生活细节及品味，空间的展示紧紧地贴服了户型风格主题。

本案在材料的运用中主要选择米白色、白色、灰色石材、雅灰色地毯为地面材料。墙面材料多采用柱式、素色壁纸、素色蛋壳彩涂料和白色墙板。色彩上选择雅灰色、灰白色、驼色、深咖色进行搭配设计，来营造素调古典的时尚、利落的气质。

建筑面积： 290 平方米

And source ranking
和源居

设计师： 孙长健

　　室内有淡淡的咖啡色，灰调的空间却丝毫不显压抑，反而给人以古朴、考究、典雅的感觉。客厅的背景墙有着清晰的木制纹理，漏窗更是充满了中式氛围，没有过多的跳跃色彩，顶部处理也是同样简洁，褪去繁华，留下记忆里的经典与回味。

　　客厅旁的餐厅布置有五座的圆桌和简洁的布艺座椅，靠窗的位置既通透又能节省空间，开放式的设计体现出设计师的智慧。卧室的风格也是如此，淡淡的灰色系，容易让人静下来、在浮躁的喧嚣过后，尊享家的舒心。

项目名称： 和源居

建筑面积： 220 平方米

主要材料： 柚木饰面、微晶石、西班牙米黄大理石、釉面砖

摄影： 周跃东

Country Garden French Deco

法式新装饰主义

设计单位： 紫香舸

室内有淡淡的咖啡色，灰调的空间却丝毫不显压抑，反而给人以古朴、考究、典雅的感觉。客厅的背景墙有着清晰的木制纹理，漏窗更是充满了中式氛围，没有过多的跳跃色彩，顶部处理也是同样简洁，褪去繁华，留下记忆里的经典与回味。

客厅旁的餐厅布置有五座的圆桌和简洁的布艺座椅，靠窗的位置既通透又能节省空间，开放式的设计体现出设计师的智慧。卧室的风格也是如此，淡淡的灰色系，容易让人静下来、在浮躁的喧嚣过后，尊享家的舒心。

建筑面积： 220 平方米

Star Red Lu 71
中星红庐 71 号

设计师: 吴军宏

室内有淡淡的咖啡色，灰调的空间却丝毫不显压抑，反而给人以古朴、考究、典雅的感觉。客厅的背景墙有着清晰的木制纹理，漏窗更是充满了中式氛围，没有过多的跳跃色彩，顶部处理也是同样简洁，褪去繁华，留下记忆里的经典与回味。

客厅旁的餐厅布置有五座的圆桌和简洁的布艺座椅，靠窗的位置既通透又能节省空间，开放式的设计体现出设计师的智慧。卧室的风格也是如此，淡淡的灰色系，容易让人静下来、在浮躁的喧嚣过后，尊享家的舒心。

项目名称: 上海中星红庐样板房

建筑面积: 1500 平方米

项目地点: 上海长宁区

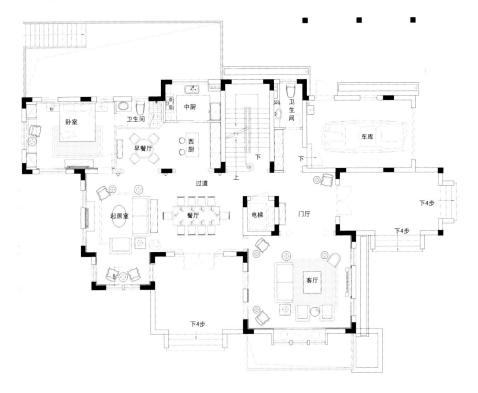

一层平面布置图

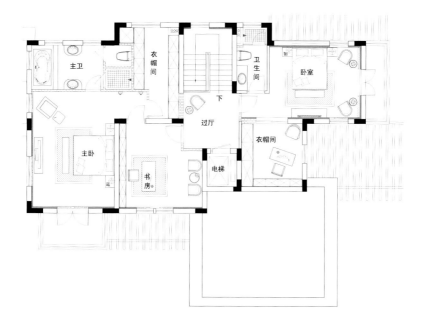

二层平面布置图

PEKING HOUSE
复地 · 首府 A

设计单位： 美国彩恩国际建筑设计公司

为了保持空间的开阔感，设计师用玻璃来作为附属空间的隔墙，从而确保了空间的整体感和宽阔感。深色木材的规矩条纹让人印象深刻，地毯选用了灰色条状花纹，与之呼应。舒适的浅色沙发软化了空间中墙体的坚硬感。整个空间用深沉的地板与木饰面联系到了一起。

设计师努力探索都市化生活价值，将"人文豪宅"的价值思考向更高的层次推进。同时更加注重人文价值和住宅空间的内涵品位，力争做到满足了人们多元化的需求。

建筑面积： 520 平方米
项目地点： 北京市朝阳区

Dali mansion　J
大理公馆　J

设计单位：昆明中策装饰有限公司　**设计师**：张植蔚

　　本案用"远山"的主题来做整体设计，以符合项目所处位置面前有海，远方有山的地理优势并融入到设计中，以中式的理念中"虚实结合"的方式来表现，以体现项目优越的地理优势。

　　设计师将室外园林的水景与室内的SPA区域联接起来，并将水景与远方的海景联接起来，形成小山水格局。同时，重新规划了平面布局设置，使得地下室有更多的功能融入，并使用"虚实结合"的理念，将冥想室与茶室进行可开可合的虚隔断，茶室与书房间也同样使用这种手法，将收藏室与书房进行整合，整体布局上呼应设计理念。

建筑面积：450平方米

项目地点：云南大理白族自治州

Yancey Desk
燕西台

设计单位： 北京艾迪尔建筑装饰工程有限公司　**设计师** ：阿栗，梁浩，王博瑜

为了实现高品质豪宅，放大空间的效果，设计师确定了样板间的整体设计风格为新中式，融入了现代、古典中国和古典西方设计元素。

其中，客厅设计借鉴了会所设计的特点，设计师利用高耸的仿古灰砖墙提升了空间宽阔感，让这里成为更适合聚会的场所。浅灰色木纹地板与深色家具陈设自然衔接，仿佛铺陈着淡雅的水墨画，为客厅提亮，增加了视觉上的跳跃性。在突出了聚会功能的同时，客厅兼具艺术品收藏展示的功能。房间内各处根据展品位置设置了重点照明，突出了艺术的美感，同时，呈现的光影又增添了静谧感，凸显出了远离尘嚣的大宅格调。典雅的窗棂，细腻的花纹——除了居室内的细节，设计师还很好地结合了室外开阔的景观，使主人从不同的窗口望出去都能得到视觉上的休息。即使足不出户，也能亲近大自然。

建筑面积： 400 平方米
项目地点： 北京海淀区
主要材料： 大理石、实木地板、防古砖、玻璃钢

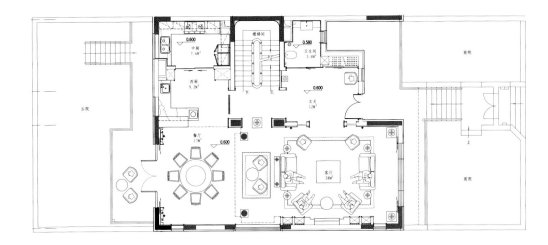

平面布置图

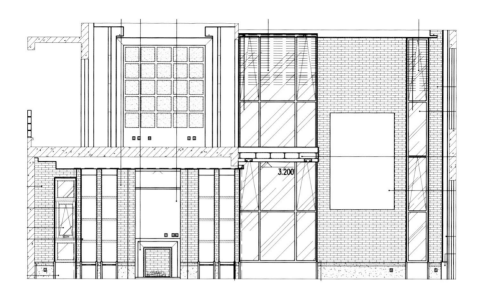

客厅立面图

FUTURE VILLA
富力湾

设计单位： 富力地产设计研发中心

深沉的家具，灰色的地砖，几何图案的地毯，使6米高的挑高客厅空间彰显高贵与沉稳。中式的木质屏风与欧式的落地灯使空间中充满了中西合璧的韵味。组合吊灯很好的填补了空间，并同起居室的沙发，座椅相互呼应。深色的地面与暖灰色墙面使空间变得更加宜人。棋牌室、视听室、健身房等附属空间丰富了空间的构成也满足了主人的爱好与品位。

主卧室延续着深沉的色调，使通透的空间沉稳而舒适。暖色的床单与壁纸遥相呼应，在深色地板的衬托下温和而惬意。现代风格的灯具、饰品在这里相映成趣。并同别墅外观保持着一致的现代简约风格在女孩房的设计中，设计师很好地把握住了女孩的心理需求，使用白色毛绒窗帘与粉红色的床单，同时点缀了几个颜色艳丽可爱的玩具，使空间"女孩气"十足。与此形成鲜明对比的男孩房中，为使男孩在以后的成长中更加坚强，使用了几何图形的壁纸与灰色的床单来搭配，使空间舒适而丰富。

建筑面积： 496 平方米

项目地点： 北京市顺义区

Wulongshan impression
五龙山印象

设计师：马迪

　　本案运用了现代与古典的碰撞手法，设计出层次丰富并且质感强烈的造型，这些造型不仅为空间划分了区域，同时又努力创建富有视觉震撼的艺术效果。时尚、前卫、个性成为本案的设计主旋律。整体以黑、白色调为主，配以深蓝色，局部点缀金属材质饰品，搭配皮草面料和奢华的丝绒面料，配合金属质感的茶几，简约大气又不失精致。

　　一层主要为客厅、餐厅及老人房。客厅和餐厅为一个空间，主题采用宁静的蓝色。二层主要功能为主卧室、男孩房及客房。电梯厅墙面采用了巨型装饰画铺满墙面，在现代气息中点缀少许古典，突出空间气势与文化内涵。地下一层主要功能为娱乐室、书房及影音室。假想男主人对音乐及摄影等生活的偏爱，为了突出其个性生活，我们在配饰的选择上也努力迎合这一主题特征。

项目名称： 万科五龙山 3C

一层平面布置图

二层平面布置图

地下室平面布置图

The Mansion Viewing Landscape
观山水之邸

设计单位: 鸿扬集团 陈志斌设计事务所　**设计师 :** 陈志斌

　　本案是空中极品景观大宅，驾山驭水。背靠书院；千年风景。整层由平层公寓打通连接而成，面积巨大而层高一般，反差不小，加上不可改动的剪力墙，过低的梁，空调设备等等因素，要设计完美实属不易。终能寓古于今，简约现代空间界面，装饰艺术古典家具，营造独特品位，璀璨氛围。

　　重新构造的平面功能，动静分区，南北两端为居住、生活区，中央部分设计为核心活动区，双拼的大厅中景观通透，空间穿插。把过低的梁用画框的形式削弱、隐藏起来，与设备混然一体，典雅大气，而透过钻石面玻璃，两个子空间又成为了浓郁的观景去处。卧室华丽而浪漫，花的主题浸润了居室的温馨。

建筑面积: 300 平方米

项目地点: 长沙市湘江大道

主要材料: 爵士白、墙纸、瓷、罗马黄洞石、仿古砖、Bisazza 马赛克

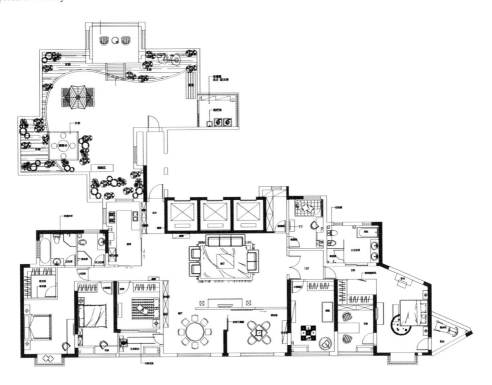

平面布置图

Gorgeous visual
艳丽视觉

设计师：萧爱彬

　　本案的设计不愧为"艳丽"二字，各种层次的红色散布其间，桌布的深红、背景墙的砖红、靠垫的橘红还有落地灯的大红等等。有层次的颜色运用让空间既"满"又不"花"。

　　餐厅的灯具与桌旗均是红色，艳丽喜人。沿楼梯而上，二层充满了木质的色调，寒窗造型的隔断和月亮门复古中又透出新意。茶座与书房同样富于古典气息，各种装饰灯具引人注目，精巧别致。浴池相对而设，开放式的设计功能性也能得到满足，干湿分区，掩卷而息，享受舒适的温泉SPA。

建筑面积：750 平方米
项目地点：济南

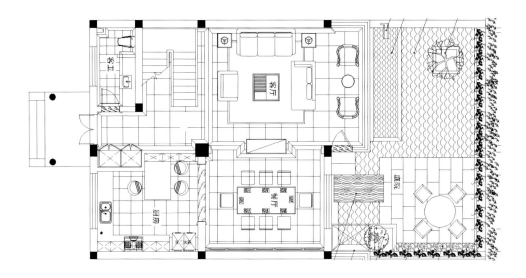

一层平面布置图

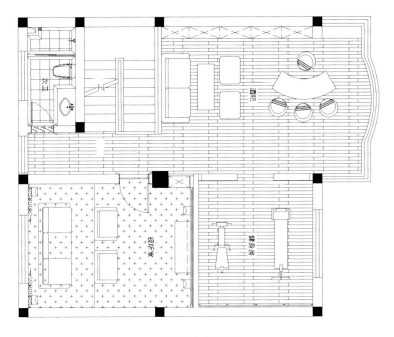

二层平面布置图

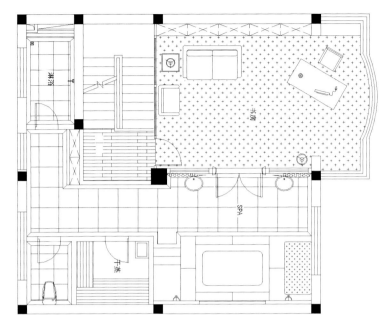

三层平面布置图

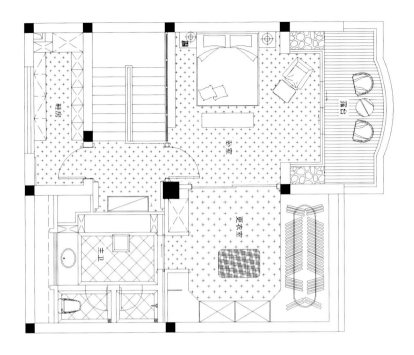

四层平面布置图

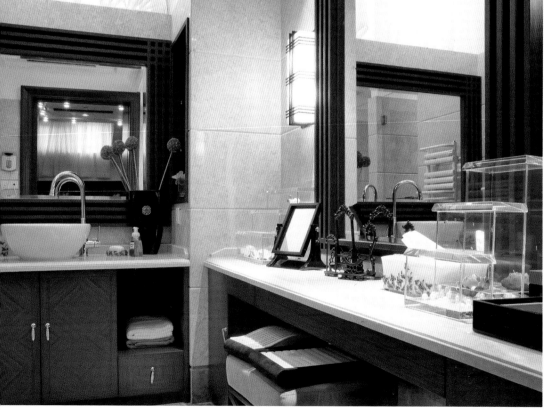

The Gemdale - Gulfstream
金地－湾流

设计单位： IADC 涞澳设计有限公司　　**设计师：** Eva Pan

如何延续一个经典的风格并与时尚和流行的文化所共存是一个很好的命题，保持 Art deco 风格的经典，又能与时尚接轨，保持风格上的沉稳与高贵的品质。本案做出了一个诠释，在一个 400 平方米的别墅中实现了设计师对新装饰主义风格的新一层的理解和变化。

富有层次的影木饰面，铜制构件及线条，以及深浅色大理石的错拼与搭配描绘出空间的硬基调，淡雅、质朴而不失经典。空间中的家具软饰，选用了大量经典简洁的新古典家具，深色亚光面木饰，以铜和皮的包裹和修饰并加以紫色系丝绒面料的点缀，使其更具高雅……水晶和银饰品的摆设又使这一切通透而明快，在新装饰主义的基调中，融入精巧的细部，色彩方面也刻意融入大胆的色彩组合和现代主义手法……

项目名称： 金地－湾流域别
建筑面积： 400 平方米
项目地点： 上海浦东
主要材料： 铜、大理石、球
桃花木、影木、香槟银箔做IB
皮、水晶、银器

Yun · Jiangnan
韵·江南

设计单位：福州华悦空间艺术设计机构　**设计师：**胡建国

　　本案为建筑面积约 300 平方米的单层住宅空间，空间较宽且采光条件良好，因此设计师围绕这一建筑自身优势展开以新东方简约主义为主题的时尚画面。

　　在设计过程中充分分析使用功能与视觉效果之间的平衡关系，并努力做到古为今用，将中式传统古典建筑元素的精华所在与现代生活的时尚气息融合在一起，并将空间造型的比例，尺度，材料质感与色彩搭配和谐地组织在一起，力求能在整个设计中达到合理创新，并能体现时代精神与人文品质的时尚标准。

建筑面积： 300 平方米
项目地点： 福州世茂天城
主要材料： 防古砖、大理石、壁纸、玻璃、实木花格

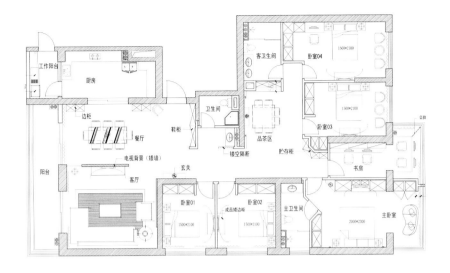

一层平面布置图

Round dance night
圆舞之夜

设计单位： 福州华悦空间艺术机构　**设计师：** 胡建国

　　圆舞之夜曾经有人说过，建筑是凝固的音乐，它的力和美就像音乐的节奏和韵律，冲击着人们的心灵，带给人美的享受。

　　本案为时尚的新古典简欧装饰风格，旨在营造出高尚住宅空间特有的优雅内敛的气质与高雅舒适的氛围。在设计程序上采取先确定家具风格以及主导装饰元素，再进行细节设计，力求达到欧陆风情完美和谐的效果，在材料的运用上，采用天然大理石及主题艺术装饰玻璃等为主导元素，局布点缀铁艺装饰，实木，马赛克等，在古典的元素上进行提炼升华，并刻意加入了时尚元素，增添时尚感，色彩层次分明，空间错落有序，整体感觉和谐统一，营造出既带有浓郁欧陆风情又不落俗套的简欧情调。

建筑面积： 600 平方米

项目地点： 福清云中花园

主要材料： 实木地板，壁纸，大理石，镜面玻璃，铁艺，马赛克

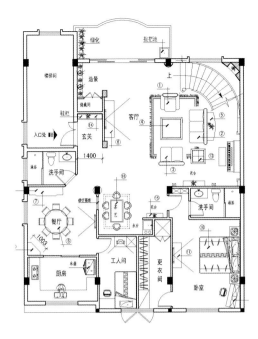

一层平面布置图

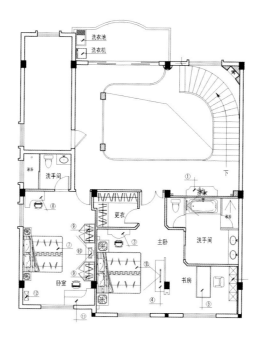

二层平面布置图

Jiangnan Washington
江南苑

设计单位： 上海萧视设计装饰有限公司

　　本案设计中用新古典主义元素与建筑设计的风格形成统一，客厅的挑空保持用一个墙饰镜面来扩展，深色的木质稳重大方。

　　不能忘却江南的山水，不能忘却江南美景。本案的设计大量采用木材，颜色也是极为讲究，仿佛还留有淡淡的烟草气息，充分展现了新古典主义的全新风尚。

　　装饰要素更是有着江南水乡的美感，不论是客厅的壁画，还是过廊处的云纹木雕无不演绎出浪漫的气息与宁静馨香的情趣。

建筑面积： 460 平方米
主要材料： 西班牙米黄大理石、雅士白、泰柚饰面、软包清玻、银镜

图书在版编目（ＣＩＰ）数据

印象豪宅／《印象豪宅》编委会编 .－－北京：中国林业出版社，2013.5（亚太名家设计系列）
ISBN 978-7-5038-6942-6

Ⅰ．①印… Ⅱ．①印… Ⅲ．①住宅－室内装饰设计－
亚太地区－图集Ⅳ．① TU241-64

中国版本图书馆 CIP 数据核字 (2013) 第 016673 号

【亚太名家设计系列】——印象豪宅
◎ 编委会成员名单
    主   编：贾 刚
    编写成员：贾 刚   牛晓霆   何海珍   刘 婕   夏 雪   王 娟   宋晓威
           黄 丽   程艳平   高丽媚   汪三红   肖 聪   张雨来   韩培培
◎ 特别鸣谢：中国建筑装饰协会设计委

中国林业出版社 · 建筑与家居出版中心
出版咨询：（010）8322 5283

出版：中国林业出版社 （100009 北京西城区德内大街刘海胡同 7 号）
网址：www.cfph.com.cn
E－mail：cfphz@public.bta.net.cn
电话：（010）8322 5283
发行：新华书店
印刷：北京利丰雅高长城印刷有限公司
版次：2013 年 5 月第 1 版
印次：2013 年 5 月第 1 次
开本：170mm×240mm 1/16
印张：14
字数：150 千字
定价：88.00 元

鸣谢：
感谢所有为本书出版提供稿件的单位和个人！由于稿件繁多，来源多样，如有错误出现或漏寄样书，敬请谅解并及时
与我们联系，谢谢！电话:010-87823495